# 今天也想抱抱你

找茶

———

著

北方联合出版传媒(集团)股份有限公司
万卷出版有限责任公司

图书在版编目（CIP）数据

今天也想抱抱你 / 找茶著. -- 沈阳 : 万卷出版有限责任公司, 2023.6（2024.8重印）
ISBN 978-7-5470-6262-3

Ⅰ.①今… Ⅱ.①找… Ⅲ.①心理压力—心理调节—通俗读物 Ⅳ.①B842.6-49

中国国家版本馆CIP数据核字（2023）第091091号

| 出 品 人： | 王维良 |
| --- | --- |
| 出版发行： | 北方联合出版传媒（集团）股份有限公司 |
| | 万卷出版有限责任公司 |
| | （地址：沈阳市和平区十一纬路29号　邮编：110003） |
| 印 刷 者： | 辽宁新华印务有限公司 |
| 经 销 者： | 全国新华书店 |
| 幅面尺寸： | 128mm×189mm |
| 字　　数： | 90千字 |
| 印　　张： | 6 |
| 出版时间： | 2023年6月第1版 |
| 印刷时间： | 2024年8月第12次印刷 |
| 责任编辑： | 吴芮瑶 |
| 责任校对： | 刘　洋 |
| 封面设计： | 找　茶　韩　军 |
| 版式设计： | 韩　军 |
| ISBN 978-7-5470-6262-3 | |
| 定　　价： | 48.00元 |
| 联系电话： | 024-23284090 |
| 传　　真： | 024-23284448 |

**常年法律顾问**：王　伟　版权所有　侵权必究　举报电话：024-23284090
如有印装质量问题，请与印刷厂联系。联系电话：024-31255233

# 不必为了无法掌控的事而焦虑

# 你的努力是值得的

# 写给最好的朋友

接受自己的普通，平凡也没有错

# 人为什么会热爱生活

因为细碎生活里一些渺小的感动
一次又一次爱上这个不完美的世界

# 妈妈也会老去，我们要抓紧时间爱

我们总是把笑脸留给外人

把最坏的脾气留给最亲近的人——母亲

# 没什么好后悔的

其实没什么好后悔的

很多事情如果能重来一遍

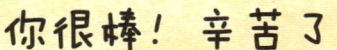

# 青春只有一次，请你热烈且勇敢！

我们总喜欢用"以后还有机会"来安慰自己

可我们的青春只有一次

相逢的意义在于照亮彼此

恋爱本身其实没有多大意义

真正的意义在于陪伴

在于和另一半做自己热爱的事情

遇到任何挫折都能因为他的存在而充满力量

让你时刻觉得世界温柔又美好

# 慢慢来也是一种诚意

不要焦虑为什么还没遇见那个人

对的人从来都不怕晚

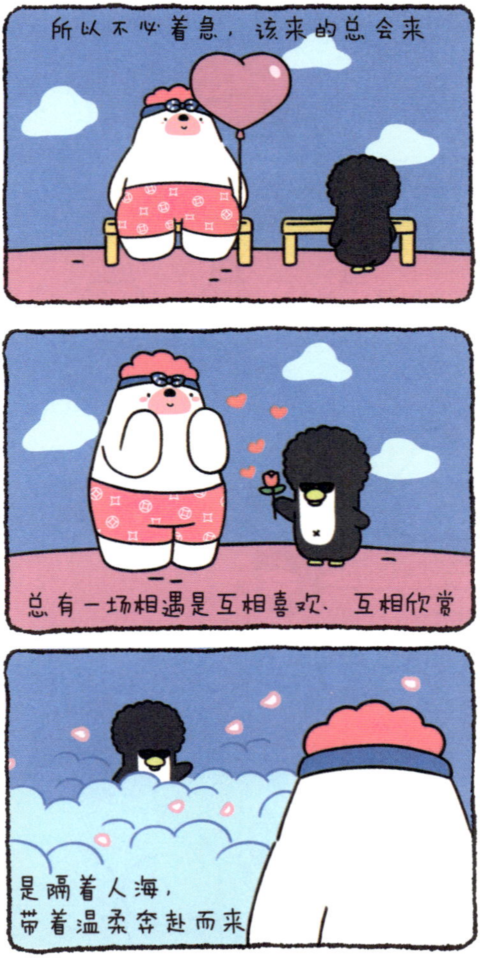
所以不必着急，该来的总会来
总有一场相遇是互相喜欢、互相欣赏
是隔着人海，
带着温柔奔赴而来

# 真正治愈你的是你自己

其实这么多年治愈我的

从来不是那些善变的人和短暂的爱

而是路边不知名的小花

浪漫的日出日落

洒在肩头的阳光、
好吃的零零碎碎

跑起来的风，陌生人偶尔的洞察我心

还有那个易碎
又坚强的自己

人生没有白走的路

付出的努力也许和当下的成绩不成正比

但所有弯路都有它的意义

无数次黑夜过后

总会迎来自己的星星

人生没有白走的路

你走的每一步都算数

# 你只需要成为独一无二的自己

如何爱自己

是我们这一生都绕不开的问题

其实标准答案从来都不存在

如何爱自己?

如何爱自己?

外界的杂音仅供参考

你只需要成为独一无二的自己

# 看完终于释怀了

不要舍不得放不下

要及时止损，大步向前

挥别错的才能和对的相逢

只有勇敢说再见，才会被奖励新的开始

# 写给迷茫的二十几岁

围围的朋友似乎都交上了满意的答卷

人　　生

开启了下一段人生

结婚

好像只有你一直在停滞不前

A.考研 B.出国 C.工作 D.结婚

我理解你的迷茫和着急

但请不要看见别人交卷就乱写答案

人生的考场没有时限

只要努力，梦想总会实现

终点

我们永远无法预知失去

这个世界上总有突如其来的失去

离去的亲人，走散的爱人，断掉的友情

我们好像总是通过失去

才知道自己最在乎的是什么

既然无法预知失去，与其悔恨

不如好好珍惜当下的人和事

这世间最珍贵的，不是已经失去的东西

而是你现在所拥有的一切

# 一辈子那么短，我们要勇敢去爱

大大方方为自己的心动埋单

坦坦荡荡展示自己的内心

也能干干净净地放下喜欢

有勇气和自信去面对任何一种结果

不需要去隐藏

一辈子很短

可以后悔，但不要浪费

# 不合适的人就是用来错过的

请忘掉那些不合时宜的遗憾

你要明白有些不合适的人就是用来错过的

花开很美，但生活需要有结果的树

世事皆有定数，遗憾也是命运的安排

往后的日子里,好好生活

终有一天会和对的人相拥

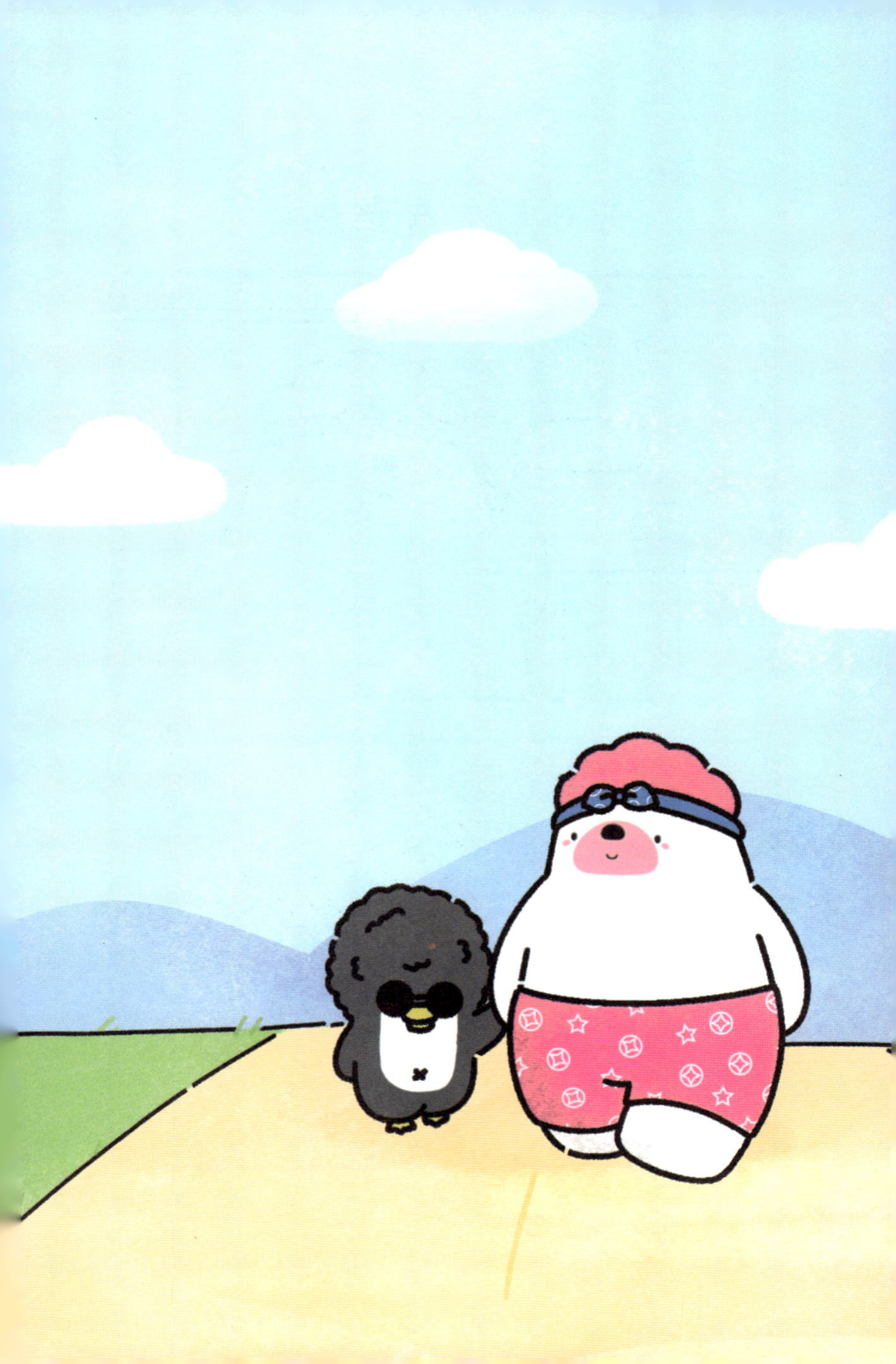

# 分开都是有预兆的

越聊越少的天,
不愿意分享的日常

……

看到了也不想回复的消息

眼泪以及那些无法入眠的夜

你在干吗呀

好久没和你出去玩了

想你了

(小作文)

在打游戏

喜欢和不再喜欢都是有迹可循的

我们一起度过无数亲密美好的时光

我们分手吧

但一切都只能到这里了

爱情是条单行道，无论多不舍

属于我们的风景已经过去了，我们只能继续往前走

# 一个人生活指南

你不要灰心嘛

一个人也能好好生活

不需要和任何人商量
空调的温度

可以放肆地睡在任何地方

可以放声大哭,也可以一整天不说话

照顾好自己,一个人也要好好吃饭

你会发现其实你真的超级厉害哦

别再去羡慕别人的生活了

每次打开朋友圈，都会很羡慕

塞纳河畔的清晨
5分钟前
里小熊，焦头鹅，xxx，
证书
里小熊
自律第99天
为什么别人都过得那么好

而自己精心编辑的朋友圈却迟迟无人问津

外表光鲜亮丽的人，背后也有不为人知的困苦

没有谁的生活很完美

1条新消息

一些生活的日常

5小时前
♡焦头鹅

豹豹：好羡慕啊，我都封家里1个月了

你羡慕别人的同时可能也有人在羡慕你

# 原来我已经是最幸福的人了

人们总是把幸福解读为"有"

有房、有车、有钱、有权

但幸福其实是"无"

无忧、无虑、无病、无灾

你家庭虽然不够富足，但也和睦美满

&*！%#

#～%&\

如果你四肢健全，没有遭受疾病的折磨

那么恭喜你，你已经是很幸福的人了

请珍惜这份来之不易的幸福吧

# 其实你没有什么忘不掉的人

其实你没有什么忘不掉的人

只是对那一场没有结果的付出

没有兑现的承诺和被浪费的爱

我们永远在一起

耿耿于怀而已

不要给回忆加滤镜

自我感动上了头就容易跟过去掰扯不清

失去不可怕，可怕的是你的执着

用心也没有错，错的是没有遇到珍惜你的人

# "小镇做题家"①不丢人，嘲讽努力的人才丢人

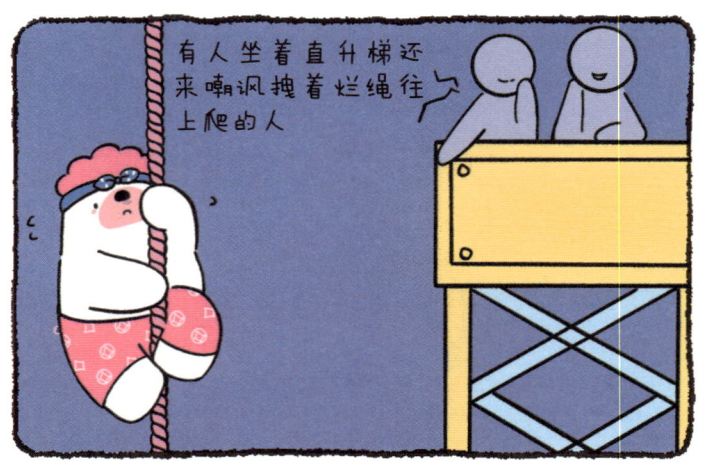

有人出生在罗马，有人出生在大山

有人坐着直升梯还来嘲讽拽着烂绳往上爬的人

① 出身小镇或小地方，擅长埋头苦读和应试，但缺乏一定资源、视野也相对不够开阔。

无论是"打工人"
还是"小镇做题家"

每个平凡努力的人都应该被尊重

努力永远不该被嘲讽

也不要相信人生输在起跑线上这样的话

只有百米短跑,才在乎起跑线
人生是场马拉松,坚持到最后的才是赢家

# 做好眼前的事

如果没办法缓解对未来的焦虑

那就先做好眼前的事吧

大雾的清晨是无法看清远方的

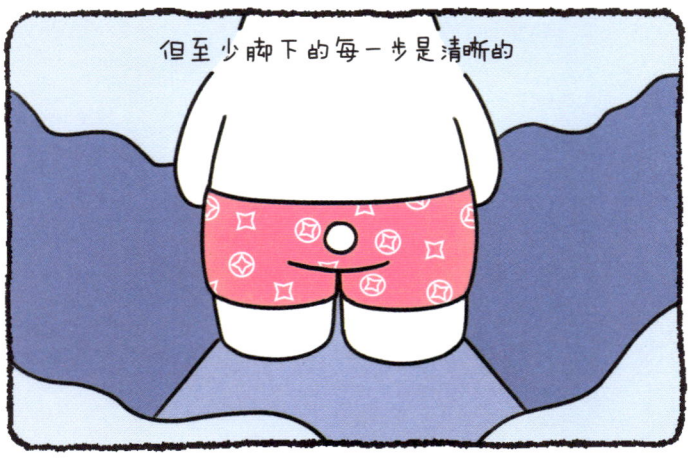

但至少脚下的每一步是清晰的

总会有大雾散开的时候

在那之前你不能困于原地，止步不前

停止自卑，勇敢地做自己吧

不要太注重别人对我们的看法

不要太过于苛责自己

胖　　　矮

每个人都是不完美的

我们要有勇气接受自己的所有

你有你自己的价值

停止自卑，勇敢自信地做自己吧

不完美不漂亮也没有关系

# 我们都要成为更好的大人，这是新的约定

我期许自己，活得更真实也更诚实

接受甚至喜欢自己身上的每个部分

我希望自己懂得处理、欣赏各种欲求

理解人性的丑陋和美好

即使难过、失意、孤独

也能找到和他们相处的最好方式

我们都要成为更好的大人

这是新的约定

# 你要允许有些人有安静的青春

没有早恋,没有逃课,没有不良习惯

没有特别优秀的成绩,没有很富裕的家庭

只是带着父母的期望和自己平凡的梦想

安安静静地做着
自己想做的事

大部分人的青春并不像小说中那样轰轰烈烈

但"青春"二字本身就充斥着故事

好像我们平淡的青春都是如此

一文不值却又黄金般的青春

# 当我开始享受无法回避的生活

很多事并不像想象中那样一帆风顺

而你也因此成为可以乘风破浪的人

要相信走完该走的路

一定就能走到我们想去的地方

# 你了解这样的我吗

我虽然灵魂有趣，但不善表达

……

耿直死倔还慢热，还有一些感情洁癖

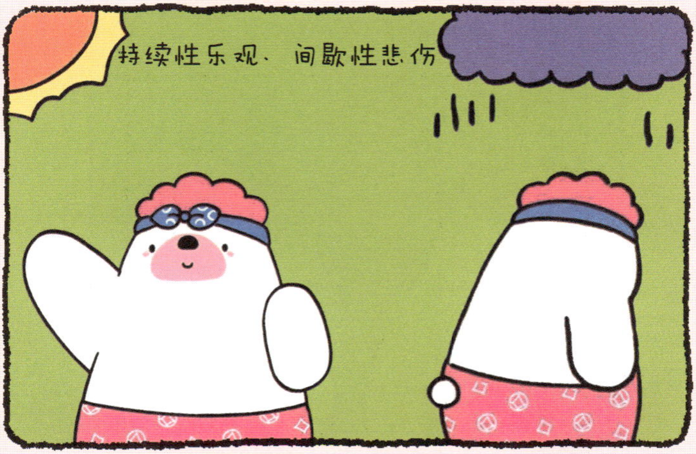
持续性乐观、间歇性悲伤

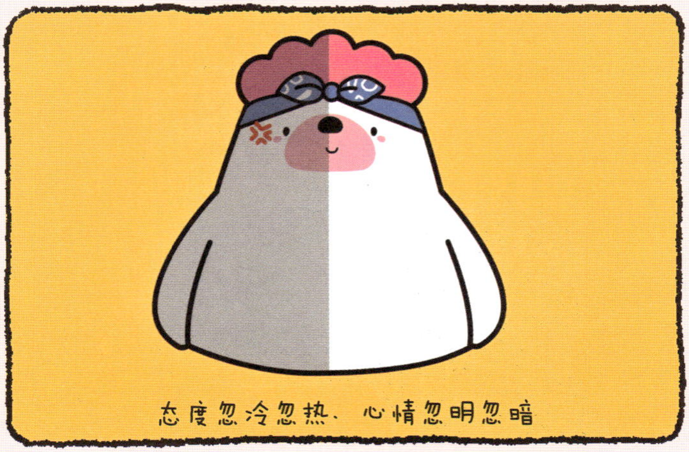
态度忽冷忽热、心情忽明忽暗

## 3

对普通朋友保持冷漠、彬彬有礼

只和亲近的人撒娇、诉苦、耍脾气

如果你觉得我真诚且温柔有趣

那不是因为你喜欢我，而是我喜欢你

# 我们只是不再并肩

任何关系到最后只是相识一场

比离开更难过的是知道有一天终将要离开

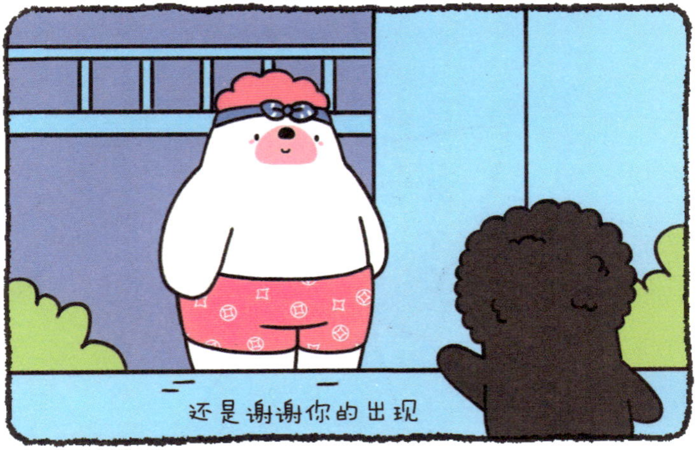
还是谢谢你的出现

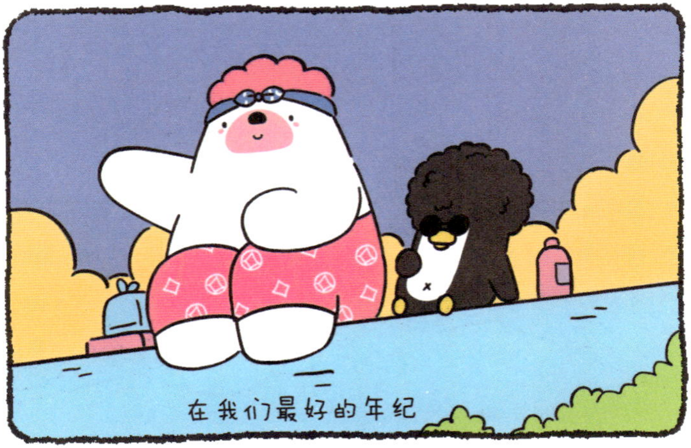
在我们最好的年纪

用一种笨拙且真诚的方式

放学等我.
佳头鹅.

陪伴彼此走过一段青春

没什么好遗憾的

虽然没能继续走下去，但我并不后悔

# 从今天起,做时间的主人

我要把时间分给睡眠

分给书籍,分给运动

分给花鸟树木和山川湖海

分给你对这个世界的热爱

当你开始做时间的主人

去感受平淡生活中喷涌而出的平静的力量

那些焦虑与不安，自然烟消云散

# 断绝关系很容易，难的是停止思念

任何告别都是需要勇气的

即使下定决心不再联系

也还是会有忍不住的时候

断绝关系很容易

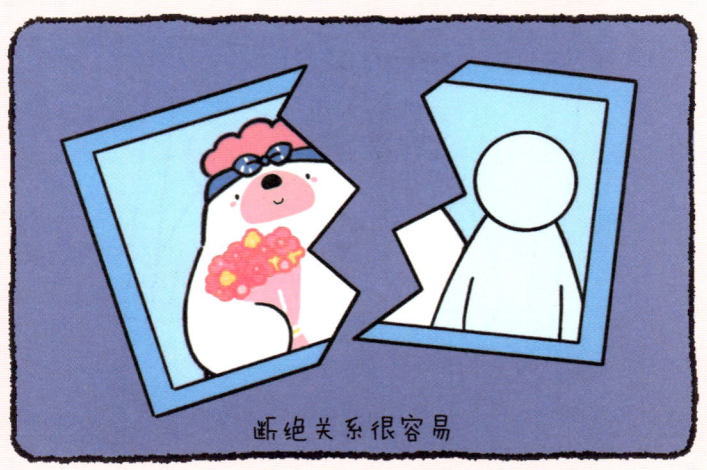

难的是停止思念和不再回头

因为真正的释怀不是遗忘

而是心底再无波澜

希望你能遇到用爱填满你的人

我们不会再因为怦然心动而坠入爱河

因为太害怕重蹈覆辙,太害怕浪费时间

我们分手吧

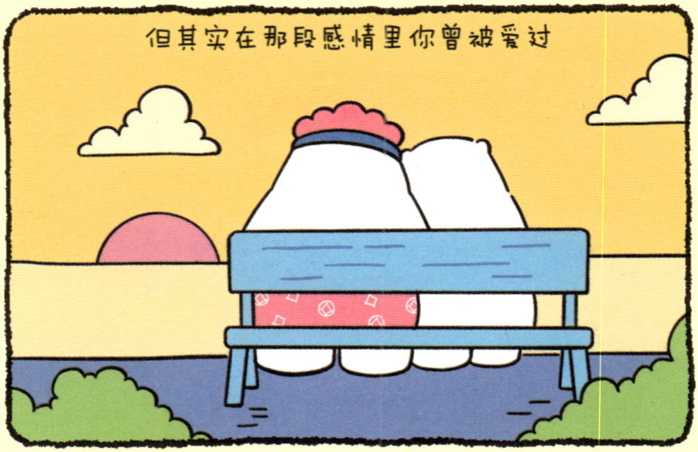
但其实在那段感情里你曾被爱过

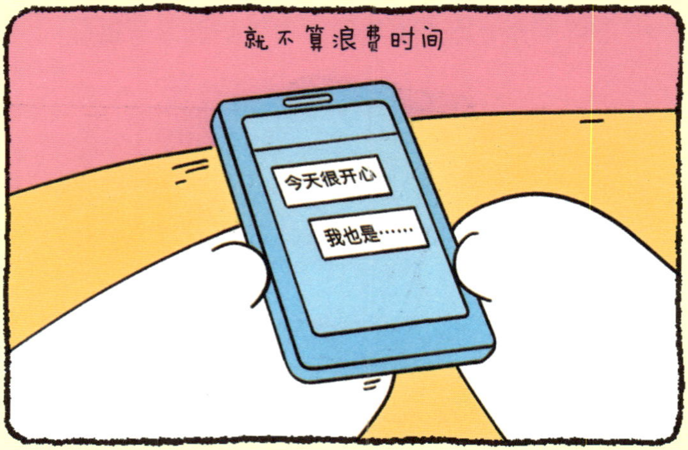
就不算浪费时间
今天很开心
我也是……

不用担心，你一定会遇到那个用爱填满你的人

# 没有人会一直待在原地

爱未必会因为没有回应而消失

但一定会因为反复失望而衰竭

缝缝补补的心

看起来总是不那么体面

期待会一点点落空

热情总会耗尽的

没有人会一直待在原地

我们也要不断向前走

# 无法自律的原因

没有明确目标，自我设限

明天再说吧

习惯拖延，逃避现实

害怕失败而拒绝开始

沉迷手机,做事三分钟热度

找出阻碍你自律的原因并克服它

给自己一个计划清单

5.14—5.21

1. 早睡早起 ☐
2. 锻炼身体 ☐
3. 每天记20个英语单词 ☐

坚持下去，自律就会变成一种习惯

让我们一起变成更好的自己吧

# 烦躁不安的时候

烦躁的时候不要说话

不要做任何决定

停下繁忙的工作

安静地看一看外面的世界

窗外的晚霞、街边的小草

总有一些小美好等着你去发现

原来生活并没有我们想的那么糟糕

你也比你想象中更美好

里小熊,你今天看起来很棒

# 人生很简单，享受过程而非结果

买了就不要对比价格

考完了就不要对答案

喜欢了就不要猜忌

分开了就不要诋毁

决定了就不要后悔

做个坦荡的人

人生短暂又简单

过程远比结果更重要

# 错过日出的人一定不要错过日落

遗憾是常有的

我们总要试着拥抱新的生活

一直沉浸在过去的情绪里

不仅会错过夕阳

还会错过夜晚的星空

学会把自己置顶，被爱没有标准

完美的人具备的十个特征

我们永远觉得自己如果能再好一点就好了

#女强人 #A4腰 #青春 #直角肩 #完美 #全能

把自己困在一个无法改变的标准里

可是被爱没有标准

对自己好点，你不一定需要成为完美的人

认清自己的普通之后依旧热爱生活

看到网络上太多"高质量"的生活

所以越发浮躁,
越发觉得自己的
生活充满苦难

却忘了我们都是普通人

我们只需在这贩卖焦虑的时代

认清自己的普通之后依旧热爱生活

暧昧只会让人短暂心动

一段感情的开始

需要一场认认真真的告白

模棱两可的暧昧只会让人短暂心动

能让人变得柔软且坚定的唯有爱与真诚

放弃从别人身上寻找答案

不要太在意别人对你的期待和看法

那些都是枷锁,要学会给自己松绑

学会把目光放在自己身上

才会迎来真正的成长和进步

那就好好告个别吧

让我感到遗憾的不是那些闹掰的人

而是说好常联系如今却渐行渐远的朋友

分别才是人生常态

很感谢她陪我走过一段路

希望彼此在不同的路上都能变得更好

# 不要焦急地去盼望一场恋爱

不要焦急地去盼望一场恋爱

在自己热爱的事里努力上进

享受一个人生活的状态

每个人终会遇到自己的命中注定

一段好的恋爱是彼此成就

一段好的恋爱不仅是改个情侣头像和网名

而且是彼此成就，互相促进成长

因为对方而愿意成为更好的人

会永远站在你身后支持你

# 偶尔怀念一下就好，脚下的路更重要

不要纠结一些没有答案的事和没有结局的人了

太过于执着给人带来的只有无尽的忧愁

偶尔怀念一下就好了

脚下的路更重要

# 学会知足真的可以释怀很多

以前总是羡慕身边的朋友

后来才明白没有什么真正完美的人生

人生的剧本你早在天堂看了，
之所以选择这个剧本

一定是因为这一生中有你认为值得的地方

# 慢慢来，比成功更重要的，是成长

我们常常陷入一种执念

好像只有收获了成功，付出才算有价值和意义

但其实你吃过的每一分苦

流过的每一滴汗都不会白费

它们会成为你人生的一束束光，一步一步照亮你前行的路

已经到谷底了，再怎么走都是向上

无论你经历多大的困难都不要放弃

当下的糟糕只是黎明前的黑暗

勇敢的不是不掉眼泪的人

而是愿意含着泪继续奔跑的人

# 对的人晚一点遇见也没关系

一定会有那样一个人出现

把整颗心的温柔和浪漫都给你

要相信美好的事物终会到来

对的人晚一点遇见也没关系

请坚定地走向我或拒绝我

爱从来不是选择

是明知不可为而为之的坚定

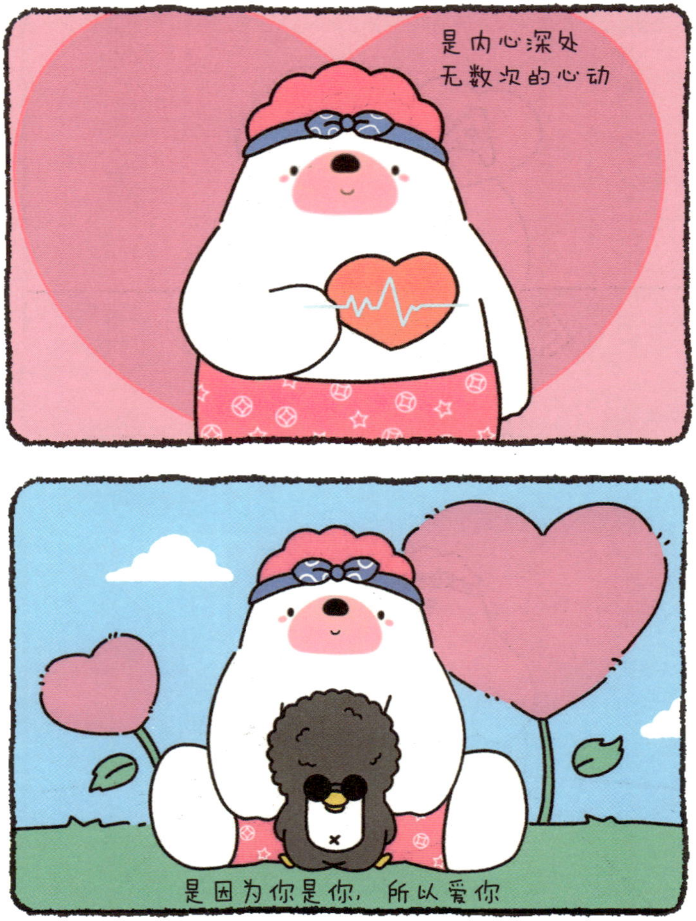
是内心深处
无数次的心动
是因为你是你，所以爱你

只有同频的人才能相伴得更长久

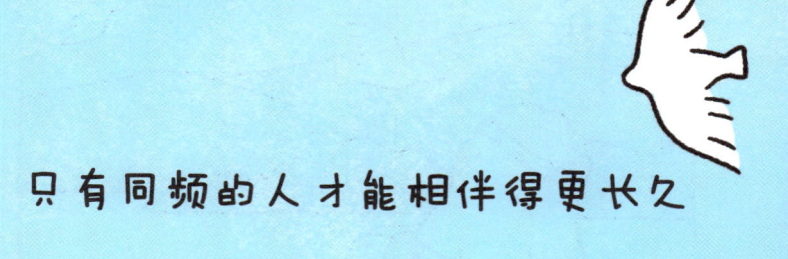

山鸟与鱼不同路

不用去纠结别人喜欢不喜欢你

相同频率的人自然会吸引到一起

爱你的人自然会爱
真实的你